Dr. Renée Moore

Hour of Power

Das Geheimnis deines Erfolgs im Business

Mit einem Geleitwort von
Dr. Beate Forsbach

Edition Mini
Große Gedanken
in einem kleinen Buch

Bibliografische Information der Deutschen Nationalbibliothek
Die Deutsche Nationalbibliothek verzeichnet diese Publikation in der Deutschen Nationalbibliografie; detaillierte bibliografische Daten sind im Internet über http://dnb.d-nb.de abrufbar.

Edition Forsbach
Der Verlag für Bücher mit Herz

www.edition-forsbach.de

Edition Mini: Große Gedanken in einem kleinen Buch
Band 11

Happy Dog Publishing

Redaktion und Gestaltung: Dr. Beate Forsbach
Grafik: Tim Gouder

Printed in Germany
ISBN 978-3-95904-137-9 (Print)
ISBN 978-3-95904-164-5 (E-Book)

Für Lothar Seiwert,

meinen besten Freund, meinen

Ehepartner und meinen Helden.

Danke für alles, was du mir

und der Welt gegeben hast.

For Karla,

The best dog ever.

And my inspiration for

Happy Dog Publishing.

Thank You!

Inhalt

Geleitwort von Beate Forsbach

Seit vielen Jahren arbeitet Dr. Renée Moore, Deutschlands führende Motivations-Expertin, erfolgreich als außergewöhnliche Business-Mentorin – auch mich hat sie in mehreren „Zone-of-Genius"-Mentorings und Business Workshops auf dem Weg begleitet, der Welt zu zeigen, wie brillant ich bin. So hat sich mein Verlag immer mehr entwickelt und wird immer erfolgreicher, auch trotz oder gerade wegen der Corona-Krise.

Wir bereiteten Renées Kunden und Fans viel Freude, als wir zu Beginn der Krise, im Frühjahr 2020, ihr Buch *Be Unstoppable in deinem Business!* verschenkt haben, das bereits 2018 in meinem Verlag erschienen war. Ich gründete dann die neue Reihe *Edition Mini – Große Gedanken in einem kleinen Buch.*

Und als Renée an einem Samstag im Mai 2020 ein kleines Video mit dem Titel *Happy Saturday … was machst du heute, und was planst du für deine „Hour of Power"?* auf Facebook veröffentlichte, hatte ich die Idee, daraus ein Minibuch zu machen. Das hältst du jetzt in den Händen. Es soll dich dabei unterstützen, deine eigene, ganz persönliche *Hour of Power* zu erfinden.

Übrigens hat Dr. Renée Moore auch das Geleitwort zu dem Buch *Miracle Morning für Unternehmer. Die Stunde, die dein Business verändert* geschrieben, das im Herbst 2020 in meinem Verlag erschienen ist. Hier schrieb sie, dass alle erfolgreichen Menschen einem einfachen und effizienten Tagesablauf folgen: Sie verbringen eine Stunde oder mehr mit sich selbst – und sie machen das jeden Tag. Dadurch bringen sie Struktur und Effizienz in ihre Arbeit und sie schöpfen Energie – ohne durch E-Mails, Telefonate und soziale Netzwerke abgelenkt zu werden. Das ist der Schlüssel zu ihrem Erfolg.

Persönlich praktiziere ich meine *Hour of Power* schon lange – nicht erst, nachdem ich 2018 den *Miracle Morning* entdeckt und mit dieser neuen Morgenroutine in nur drei Monaten ein ganzes Buch geschrieben hatte. Als ich noch auf Fehmarn lebte, ging ich jeden Morgen und Abend mit meiner Berner Sennenhündin Senta am Strand spazieren, setzte mich ab und zu mal hin und schaute auf die Ostsee. Unglaublich, welche Ideen und Gedanken mir in diesen stillen Stunden kamen, in denen nur das Wellenrauschen und das Gekreische der Möwen zu hören waren.

Ich habe meine Termine dann so gelegt, dass ich vor wichtigen Besprechungen stets einen Strandspaziergang machen konnte. Dabei habe ich mir meine Strategie zurecht gelegt, und – bei schwierigen Kunden – auch schon mal geübt, was ich sagen wollte. Die unbeschwerte Freude meines Hundes hat mich stets positiv eingestimmt.

Inzwischen wohne ich in der Stadt und praktiziere auch hier meine *Hour of Power*: Jeden Morgen beim halbstündigen Spaziergang mit dem Hund übe ich einen Teil meiner Morgenroutine aus und bereite mich mental auf den Arbeitstag vor. Und dann am Wochenende machen wir lange Spaziergänge im Bamberger Hain, einem Landschaftspark direkt in der Nähe. Immer wieder bin ich überrascht, welche Gedanken und Ideen mir dabei plötzlich kommen – ohne dass ich mir bestimmte Fragen oder Themen vorgenommen oder dass ich überhaupt etwas gedacht hätte.

In diesem Buch erfährst du das Geheimnis von Dr. Renée Moore, wie auch du in deinem Business so erfolgreich werden kannst, wie sie es ist. Das Geheimnis lautet: Nimm dir jeden Tag mindestens eine Stunde Zeit nur für dich und gestalte deine ganz persönliche *Hour of Power.*

Lies dieses Buch ruhig mehrfach durch und mach bitte auch die Übungen. Ich wünsche dir viel Freude beim Lesen und Umsetzen!

Deine Beate Forsbach

Dr. Beate Forsbach, *Verlegerin, Autorin zahlreicher Schreibratgeber und Bücher zur Lebenskunst, Mentorin für angehende Autoren „Bücher schreiben mit Herz"*

www.beateforsbach.de

Einleitung: Happy Saturday

Hey, happy Saturday, es ist Wochenende!

Und weißt du was? Das bedeutet, wir sollten unseren Akku auftanken!

Ich gehe gleich in den Wald, mit meinem Hund Karla. Heute bedeutet das, wir gehen rund 20 km zusammen. Und das ist mir sehr wichtig.

Es gibt viele Leute, die fragen: Wie bist du so schnell erfolgreich in deinem Leben geworden?

Du weißt, mit 40 habe ich mein eigenes millionenschweres Unternehmen mit zehn Firmen in neun verschiedenen Ländern aufgebaut und mit großem Gewinn verkauft.

Danach gründete ich meine Firma, Business Beyond Borders, mit dem Ziel, Geschäftsinhabern in Europa Unternehmenserfolg auf der ganzen Welt zu ermöglichen.

Meine Hour of Power

Und weißt du: Es gab immer etwas Wichtiges für mich, das nenne ich meine *Hour of Power*.

Das bedeutet: Ich plane jeden Tag Zeit in meinem Kalender ein, mindestens eine Stunde, die nichts mit meinem Business zu tun hat! Dann gehe ich mit meinem Hund in den Wald, so wie heute, oder ich mache Sport.

Heute habe ich eine Challenge für dich:

Nimm dir eine Stunde Zeit. Mach eine Pause vom Social Media. Lass dein Handy zu Hause oder stell es ab.

Geh einfach los – in den Wald, in den Garten oder in den Stadtpark. Höre und lies keine Messenges.

All das lenkt dich ab von den wirklich wichtigen Dingen im Leben!

Die Hour of Power ist auch für dich sehr wichtig!

Du kriegst deinen Kopf frei, du gewinnst Raum für deine Kreativität.

Du bekommst großartige Ideen, mit denen du nie gerechnet hättest.

Du hast Zeit für dich und deine Ziele, Wünsche und Träume.

In deiner *Hour of Power* gewinnst du Energie, du lädst deine Akkus wieder auf.

Weißt du was?

Meine großen Ideen kommen nie, wenn ich an meinem Arbeitsplatz sitze. Die kommen, wenn ich mir Zeit für mich nehme und mir Platz in meinem Kopf freiräume.

Für mich ist es eine sehr wichtige Zeit – ich liebe Gardening, schau mal wie schön all die Blumen sind. Ich verbringe ein bisschen Zeit in meinem Garten, oder ich gehe mit meinem Hund spazieren. Samstags laufen wir oft 20 km im Wald, das macht mir richtig Spaß.Und ich sage zu dir: Fang an. JETZT!

Make a Habit!

Mach eine Gewohnheit daraus, dir mindestens eine Stunde pro Tag Zeit für dich zu nehmen, eine Pause von Social Media und von deinem Computer! Eine *Hour of Power*, in der du nichts tust – außer für dich selbst.

In jedem Kapitel findest du Anregungen und Tipps für deine ganz persönliche *Hour of Power.* Es gibt einige Übungen, die du direkt im Buch bearbeiten kannst, am besten nimmst du dir noch ein schönes Notizbuch dazu. Ich wünsche dir viel Spaß beim Lesen und Umsetzen!

Big Hug

Deine *Renée*

Warum das für dich wichtig ist

Hast du dir schon einmal überlegt, warum du die besten Ideen immer dann bekommst, wenn du gar nicht damit rechnest?

Du hast dir extra die erste Januarwoche reserviert, um dein Jahr zu planen, damit dein Business in diesem Jahr noch erfolgreicher wird als im letzten Jahr!

Du sagst dir immer wieder:

Als erfolgreiche Unternehmerin bemühe ich mich jeden Tag, eine bessere Version meiner selbst zu sein. Ich will erfolgreich durch das Leben gehen und ich weiß, dass ich aktiv werden muss, um das zu bekommen, was ich will.

Aber dir will einfach nichts einfallen. Du hast doch dein Business gegründet, hast sogar einen Businessplan erstellt und schon einige Kunden gewonnen. Du bietest ein tolles Produkt oder eine gute Dienstleistung an – jedenfalls findest DU das ganz prima.

Dir fällt einfach nichts ein, und so schaust du deine Homepage an und überlegst, ein paar Sätze zu ändern und ein paar andere Fotos aufzunehmen. Du machst dir Vorwürfe wegen der Fehler, die du im vergangenen Jahr gemacht hast. Auch wegen der damit verbundenen Verluste. Hast du vielleicht doch zu früh dein Angestelltendasein aufgegeben? Für vier Kunden im Jahr ist das Ganze doch sehr aufwendig.

Vielleicht solltest du ein Business Mentoring buchen? Oder du solltest dich wenigstens zum Business-Workshop von Dr. Renée Moore anmelden – aber der findet ja erst im Oktober statt. Was machst du bis dahin? Und deine Ersparnisse reichen im Moment gerade für die Miete und das Essen, aber nicht für ein Business Mentoring.

Weißt du was? Hör einfach damit auf, dir den Kopf zu zerbrechen! Geh einfach los, auch wenn du keinen Hund hast, geh mal in den Wald oder in den Stadtpark. Da triffst du im Januar nur ein paar Jogger – du bist also ganz allein. Und wenn du einen Hund hast, lass ihn einfach mal zu Hause. Und nimm dieses Buch und ein kleines Notizbuch mit. Und stell bitte dein Handy ab!

Oh nein, deine Gedanken sind alle mitgekommen! Deine Selbstvorwürfe, deine Verluste, deine Fehler – sie alle sind mitgekommen in den Wald.

Und jetzt frag dich einfach mal, wann wohl der nächste negative Gedanke kommt. Oh, es kommt ja gar kein Gedanke mehr! Kann das sein? Frag nochmal, wann wohl der nächste Gedanke kommt.

Geh einfach mal vom Weg ab und such dir einen schönen großen Baum aus. Lehn dich daran, schließ deine Augen und denk an die Weihnachtszeit, die jetzt vorbei ist. Wem bist du besonders dankbar? Wer hat dir die größte Freude gemacht? Und was hast du in der Silvesternacht gedacht, als das Feuerwerk das neue Jahr ankündigte?

Setz dich auf die Baumwurzeln und notiere alles, was dir einfällt. Lehn dich ruhig weiter an den Baum, schließe die Augen und lass deine Gedanken zu. Wenn keine Gedanken kommen, lass einfach die Seiten im Notizbuch leer.

Hier kannst du eine Liste erstellen mit all den Menschen, denen du dankbar bist, auch wenn sie schon verstorben sind. Schreib dazu, womit sie dir eine Freude gemacht haben.

Menschen, denen ich dankbar bin:

____

____

____

____

____

____

Nun lauf bitte noch mindestens 20 Minuten im Wald herum, geh auch mal abseits der Wege und suche dann „deinen" Baum wieder auf. Umarme ihn, weil du dieses Gefühl von Dankbarkeit spürst.

Wenn du jetzt eine gute Idee hast, notiere sie hier:

____

____

____

____

____

____

____

Weißt du, warum du die besten Ideen immer dann hast, wenn du gar nicht damit rechnest?

Dein Kopf ist ganz frei, es ist nun Raum für andere Dinge. Über deinen positiven Gedanken sind deine Selbstvorwürfe, deine Verluste und deine Fehler abhanden gekommen. Wenn du „deinen" Baum umarmst, kannst du nichts Negatives mehr denken. Es ist einfach schön, hier zu sein.

Warum der frühe Morgen besonders gut geeignet ist für deine Hour of Power

Kennst du das? Du hast oft Stress am frühen Morgen: Der Wecker schrillt, die Kinder müssen für die Kita oder die Schule fertig werden, du findest keine passende Kleidung für diesen Tag, du schaffst es heute nicht, zu duschen und dir die Haare zu waschen, obwohl du doch nachher ein Zoom-Interview hast!

Mach es einfach mal anders: Wenn du sehr früh am Morgen wach wirst, bleib noch ein wenig im Bett liegen und denk an deinen Tag. Denk daran, was für ein Mensch du heute sein möchtest: Eher positiv oder voller Sorgen und Ängste? Und dann steh einfach auf, mach ein paar Kniebeugen, reck die Arme in die Höhe, trink ein oder besser zwei Glas Wasser und tanze durch dein Schlafzimmer.

Und dann genieß deine *Hour of Power*! Meditiere ein wenig, hör leise Musik, und denk an das, was du heute vorhast. Freu dich darauf, dass es dir gut gelingen wird!

Der frühe Morgen ist einfach ganz besonders gut geeignet für deine *Hour of Power*: Diese stille Zeit, bevor die Welt erwacht (und deine Kinder), hilft dir, deinen Stress abzubauen, deinen Geist zu beruhigen und die unangenehmen Dinge wegzuschieben, die dir Sorgen bereiten. Du kannst dich ganz auf dich selbst konzentrieren und auf deine Vision für dein Business.

Im Kapitel *Miracle Morning* lernst du eine Morgenroutine kennen, die Tausende von Menschen auf der ganzen Welt durchführen, um erfrischt und voller Energie in ihren Tag zu starten.

Meine Hour of Power am frühen Morgen:

Warum deine Hour of Power auch mittags oder abends stattfinden kann

Viele Menschen sagen, dass der frühe Morgen nichts für sie ist – sie sind eben kein Morgenmensch, sie bleiben gerne am Abend lange auf und schlafen dann auch am Morgen länger. Auch wenn du keine Kinder hast, die zur Schule oder in die Kita müssen, könnte es für dich stressig werden, deine *Hour of Power* am frühen Morgen durchzuführen.

Deshalb nimm dir einfach eine andere Stunde Zeit, vielleicht von 14 bis 15 Uhr, während deiner Mittagspause. Du könntest dir ein leckeres Mittagessen zubereiten, das du in aller Ruhe zu dir nimmst – ohne ständig auf dein Handy zu schauen! Und dann setz dich gemütlich in einen Sessel, trink einen Cappuccino und lass deine Gedanken frei schweifen. Es ist nicht schlimm, wenn dir die Augen zufallen und du ein kurzes Nickerchen oder *Power Nap* machst. Wichtig ist, dass du nicht schon wieder an die nächsten Aufgaben oder das nächste Telefonat denkst.

Auch am Abend kannst du gut deine *Hour of Power* einplanen – falls du Kinder hast, sind die dann schon im Bett, dein Partner schaut sich einen Film an oder sitzt noch am Computer – und du genießt deine *Hour of Power*. Eine Stunde, vielleicht von 21 bis 22 Uhr. Danach könnt ihr dann zusammen noch ein Glas Wein trinken, bevor ihr ins Bett geht.

Schreib bitte ein paar Ideen auf, wie du deine *Hour of Power* mittags oder am Abend gestalten kannst. Weitere Ideen findest du in einem späteren Kapitel dieses Buches.

Meine Hour of Power mittags:

Meine Hour of Power am Abend:

____

____

____

____

____

____

____

____

____

____

Fazit: Es ist wichtig für dich, jeden Tag eine _Hour of Power_ einzuplanen. Schreib sie dir in deinen Kalender und stell in der Zeit dein Handy ab. In deiner _Hour of Power_ erholst du dich, gewinnst Energie und lädst deinen Akku auf! ♥

Deine Ziele, Wünsche und Träume

Stell dir mal vor, du sitzt am Strand und schaust auf das Meer und in die untergehende Sonne. Und du siehst eine Flaschenpost mit einem zusammen gerollten Blatt Papier darin. Darauf hast du notiert, was du alles in den nächsten 10 Jahren erreichen willst!

Nimm dir heute mal Zeit in deiner *Hour of Power*, und schreib deine Ziele, Wünsche und Träume auf.

Was willst du erleben, machen, haben und sein? Was sind deine Ziele, Wünsche und Träume?

Über diesen QR-Code findest du ein Video mit entspannenden Meereswellengeräuschen beim Sonnenuntergang. Du kommst zu dem Video, indem du die Kamera deines Handys auf den QR-Code richtest.

Spiel das Video dreimal ab und notiere in diesen Minuten mindestens 50 deiner Ziele, Wünsche und Träume! Falls die Zeit nicht reicht, lass es einfach nochmal laufen.

Hier ist deine Liste:

____

____

____

____

____

____

Und nun schreib die Zahlen 1, 3, 5 oder 10 ans Ende jeder Zeile – ohne lange zu überlegen.

1 bedeutet: möchte ich in einem Jahr erreichen/erfüllen/verwirklichen

3/5/10 bedeutet: möchte ich drei/fünf/zehn Jahren erreichen/erfüllen/verwirklichen

Zähle jetzt, wie viele Ziele, Wünsche oder Träume du in 1 Jahr, in 3, 5 oder 10 Jahren erreichen, erfüllen oder verwirklichen willst:

1	3	5	10

Und nun wirf deine Flaschenpost ins Meer und lausche noch ein wenig dem Wellenrauschen. ♥

Zeit für deine Ziele

Vielleicht hast du dich zu Beginn des Jahres mit deinen Zielen beschäftigt. Vielleicht hast du sogar meinen „Erfolgsplaner“ benutzt, den du auf meiner Homepage www.reneemoore.com kostenlos herunterladen kannst.

In diesem Jahr wirst du alles erreichen, was du dir wünscht. Warte nicht länger. Du bist eine starke Persönlichkeit und besitzt die Fähigkeit, alles zu erreichen, was du möchtest.

Nun stell dir vor, wie dein Leben in einem Jahr aussieht:

- Was hast du geschafft?
- Wie geht es dir gesundheitlich?
- Wie fühlst du dich emotional?
- Wo stehst du mit deinem Business?
- Wie ist deine finanzielle Situation?
- Wie hat sich dein Privatleben verändert?
- Wie haben sich deine Beziehungen entwickelt?
- Hast du deinen Lebenssinn gefunden?

Und nun schreib deine Top-Ziele für dieses Jahr nochmal auf – formuliere am besten in jedem Lebensbereich zwei Ziele. Denke groß, denn nur große Ziele können dein Leben wirklich verändern. ♥

Meine persönlichen Ziele für dieses Jahr:

Business/Lebenssinn:

....

....

....

....

....

....

Finanzen:

....

....

....

....

....

....

Familie/Beziehungen/Freundschaft:

....

....

....

....

....

....

Gesundheit:

....
....
....
....
....
....

Persönliches/Spiritualität:

....
....
....
....
....
....

Reisen/Hobbys/Haustier:

....
....
....
....
....
....

Jetzt hast du Klarheit und tolle Ziele

Und was hat das mit deiner *Hour of Power* zu tun? Nun, die meisten Menschen formulieren ihre Ziele am Jahresbeginn – und haben sie manchmal bereits vier Wochen später aus den Augen verloren.

Daher schlage ich dir vor, dir deine drei wichtigsten Ziele für dieses Jahr auszusuchen. Jetzt, bei der Lektüre dieses Buches! Und nutze deine heutige *Hour of Power*, um zu überlegen, was du in diesem Monat tun musst, um diese Ziele zu erreichen.

Notiere hier deine drei wichtigsten Ziele:

Projekt 1: ______________________________

Projekt 2: ______________________________

Projekt 3: ______________________________

Formuliere je drei To Do's, mit denen du deinen Zielen in diesem Monat näher kommen kannst:

1. ______________________________

____

____

2. ____

____

____

3. ____

____

____

Mach diese Übung im nächsten Monat wieder.

Such dir drei Ziele auf Seite 30/31 aus und notiere sie in deinem Notizbuch.

- Vielleicht hat sich etwas geändert an deinen drei wichtigsten Zielen?
- Vielleicht hast du eins davon schon erreicht!
- Vielleicht ist dir im Moment etwas anderes wichtig?

TIPP: Schreib dir deine drei wichtigsten Ziele auf kleine Karten, die du immer dabei hast. Auf den nächsten Seiten findest du eine Vorlage. Wenn du dann unterwegs bist – im Wald, im Park, am Strand oder beim Sport – schau einfach auf eins und vergiss es wieder. Den Rest erledigt dein Unterbewusstsein. ♥

Meine drei wichtigsten Ziele im Monat ....

Projekt 1: ____

Projekt 2: ____

Projekt 3: ____

Drei To Do's, mit denen ich meinen Zielen in diesem Monat näher kommen werde:

1. ____

____

____

2. ____

____

____

3. ____

____

____

Meine drei wichtigsten Ziele im Monat ....

Projekt 1: ______________________________

Projekt 2: ______________________________

Projekt 3: ______________________________

Drei To Do's, mit denen ich meinen Zielen in diesem Monat näher kommen werde:

1. ______________________________

____

____

2. ______________________________

____

____

3. ______________________________

____

____

Hour of Power mit Musik

Nun möchte ich dir eine *Hour of Power* empfehlen, die ich ganz besonders liebe: Setz dich gemütlich in deinen Lieblingssessel oder leg dich aufs Sofa, setz die Kopfhörer auf und höre deine Lieblingsmusik.

Falls du alleine bist, kannst du die Musik auch ohne Kopfhörer anhören. Vielleicht ist es dann so wie bei mir: Mein Hund liegt so gerne neben meinem Sessel, wenn ich meine Lieblingsmusik, eine sanfte Entspannungsmusik, höre. Es ist erwiesen, dass Musik auch beruhigend auf Hunde wirkt. Probier es einfach aus!

Falls du keine passende Musik kennst, gib einfach mal „Entspannung mit Musik“ bei Google ein. Da findest du viele Hinweise auf Klassik, Pop, Schlager und spezielle Entspannungsmusik. Die gute alte CD oder Langspielplatte hat noch den Vorteil, dass der Zeitrahmen gleich festgelegt ist.

Und nun stell dein Handy ab, mach eine Pause von Social Media und deinem Computer! Entspanne dich, mach die Augen zu und genieße die Musik! Vielleicht machst du sogar ein Nickerchen dabei! Ich schlafe übrigens oft weiter, wenn die Musik schon zu Ende ist. ♥

Klassische Musik zur Entspannung

- Johann Sebastian Bach: Brandenburgische Konzerte
- Johann Sebastian Bach: Toccata und Fuge d-moll
- Georg Friedrich Händel: Wassermusik
- Giuseppe Tartini: Adagio cantabile
- Antonio Vivaldi: Die vier Jahreszeiten
- Joseph Haydn: Sinfonie Nr. 94
- Ludwig van Beethoven: Mondscheinsonate
- Wolfgang Amadeus Mozart: Klavierkonzerte
- Frédéric Chopin: Nocturnes
- Claude Debussy: La Mer
- Maurice Ravel: Klaviertrio a-moll

Die Top 10 der Entspannungsmusik

Über diesen QR-Code gelangst du zu mehr Infos und den Links zu Youtube

- „Weightless" von Marconi Union
- „Electra" von Airstream
- „Mellomaniac" von DJ Shah
- „Watermark" von Enya
- „Strawberry Swing" von Coldplay
- „Please Don't Go" von Barcelona
- „Pure Shores" von All Saints
- „Someone Like You" von Adele
- „Canzonetta Sull'aria" von Mozart
- „We Can Fly" von Rue du Soleil

Musik machen

Falls du ein Instrument spielst, ist es eine wundervolle Möglichkeit, deine *Hour of Power* selbst musikalisch zu gestalten. Spiel deine Lieblingsstücke am Klavier oder improvisiere auf deiner Gitarre oder deinem Saxophon. Sogar die gute alte Blockflöte kann wieder zu neuem Leben erwachen, wenn du ein paar Lieder aus dem Gedächtsnis spielst.

Hier ein paar Noten-Tipps für Klavierspieler:

- *Klavier-Kultbuch. 70 ultimative Spielstücke aus Klassik und Pop, arrangiert* von Hans-Günter Heumann
- *Relax with Romantic Piano. 35 beautiful Peaces,* selected by Samantha Ward
- *Golden Oldies. The 16 Most Beautiful Pop Classics,* arrangiert von Carsten Gerlitz
- *Heumanns Pianotainment. 100 leichte Klavier-Hits von Bach bis Robbie Williams*
- *New Romantic Pop Piano. 12 Traummelodien für Klavier in leichten Arrangements* von H.-G. Heumann

Natürlich kannst du auch mitsingen bei der CD deines Lieblingssängers oder bei Aufnahmen von Volksliedern – sing so laut du kannst. Du wirst spüren, wie gut dir das tut, wie deine Gedanken von deinem Business abgelenkt werden, wie dein Körper sich entspannt – und wieviel neue Energie du daraus für deine Arbeit gewinnst. ♥

Tanzen

Wenn du den ganzen Tag am Schreibtisch sitzen musst, sollte du dich in deiner *Hour of Power* viel bewegen. Mach es mal mit Musik, tanze ausgelassen durch dein Büro!

Ich habe meine Lieblingsmusik auf meinem Handy gespeichert, so kann ich jederzeit lostanzen, egal, wo ich gerade bin. Ja, auch im Wald tanze ich manchmal!

Auf *Youtube* findest du tolle Filme, wo du einfach mitmachen kannst. Gib z. B. mal folgende Begriffe ein und probier aus, was dir gefällt:

- Musik zum Tanzen
- Tanzen Workout
- Tanzen für Anfänger
- Coole Tänze
- Tanzmusik Hip Hop

Du wirst eine Menge Spaß haben in deiner *Hour of Power!* Dein Kopf wird frei – dein Körper ist locker. Schon ein paar Minuten Bewegung mit Musik verbessern deine Gesundheit, deine Ausgeglichenheit und deine emotionale Balance. Und du wirst feststellen, dass du viel mehr Energie hast. Du brauchst keinen Kaffee mehr, um dich besser konzentrieren zu können, dein Blutdruck und dein Blutzuckerspiegel verbessern sich – du fühlst dich erholt und fit nach nur wenigen Minuten.

Qi Gong (Qi Gong)

Eine bewährte Art, neue Energie aufzuladen und wieder fit und ausgeglichen zu werden, ist Qi Gong. Das sind 7.000 Jahre alte chinesiche Entspannungs- und Gesundheitsübungen, mit denen man das „Qi“, die Energiequelle allen Lebens, stärken kann.

„Gong“ bedeutet Übung oder Arbeit, „Qi Gong“ bedeutet also sinngemäß das Arbeiten mit der Lebenskraft. Es ist ein wichtiger Bestandteil der traditionellen chinesischen Medizin. Die ruhigen, konzentrierten Übungen entspannen, sie bescheren ein langes Leben und können so manche Krankheit heilen.

Qi Gong ist also eine tolle Möglichkeit für deine *Hour of Power*. Ich habe ein paar Übungen aus dem Buch *Shaolin Qi Gong – Energie in Bewegung* des Shaolin-Mönches Shi Xinggui gelernt, es enthält eine Übungs-DVD, außerdem gibt es eine separate CD mit passender Musik zu den Qi Gong Übungen. Du kannst auch auf Youtube Kurse und Anleitungen zum Qi Gong finden.

Über diesen QR-Code kommst du zu einem einstündigen Video mit Qi Gong Musik, die du auch gut zur Meditation verwenden kannst. Dazu mehr im Kapitel „Miracle Morning: Stille“.

Miracle Morning

Vielleicht hast du schon vom Buch *The Miracle Morning* von Hal Elrod gehört? Es ist eins der beliebtesten Bücher der Welt, es wurde mittlerweile in 27 Sprachen übersetzt. Ich habe das Geleitwort zur deutschen Ausgabe des Buches *Miracle Morning für Unternehmer* geschrieben.

Hal Elrod hat den *Miracle Morning* „erfunden", als er zum zweiten Mal in seinem Leben ganz unten war – beim ersten Mal war er sechs Minuten klinisch tot, beim zweiten Mal komplett pleite. Er machte sich auf die Suche nach der schnellsten, effektivsten Strategie, um sein Leben wieder in die Spur zu bekommen und seinen Erfolg auf die nächste Stufe zu heben.

Er sammelte die besten Methoden zur Persönlichkeitsentwicklung, die von den erfolgreichsten Menschen der Welt benutzt werden. Sie alle folgen einem einfachen und effizienten Tagesablauf: Unternehmer, Millionäre, Schriftsteller – sie leben nicht einfach in den Tag hinein, sondern stehen früher auf als andere und verbringen eine Stunde mit sich selbst und sechs einfachen Ritualen: Meditation, Affirmationen, Visualisierungen, Bewegung, Lesen und Schreiben. Hal hat diese sechs Rituale Life S.A.V.E.R.S. genannt – es ist seine *Hour of Power*.

Nachdem er zwei Monate lang alle sechs Methoden angewandt hatte, erreichte er wundervolle Ergebnisse: Er verlor seine Depression, sein Einkommen stieg und er begann, für einen Marathon-Lauf zu trainieren. Durch den *Miracle Morning* konnte er seine körperlichen, geistigen und emotionalen Fähigkeiten auf ein bisher ungeahntes Niveau anheben, und so entschied er, sich jeden Tag Zeit für die Life S.A.V.E.R.S. zu nehmen, um die erstklassige Person zu werden, die er sein musste, wenn er sich ein erstklassiges Leben erschaffen wollte.

Der sechzig Minuten lange *Miracle Morning* mit den Life S.A.V.E.R.S. hat für viele Menschen diese oder eine ähnliche Struktur:

- **S**ilence – Stille: 10 Minuten
- **A**ffirmations – Affirmationen: 5 Minuten
- **V**isualization – Visualisierung: 5 Minuten
- **E**xercise – Bewegung: 10 Minuten
- **R**eading – Lesen: 20 Minuten
- **S**cribing – Schreiben: 10 Minuten

Die Life S.A.V.E.R.S. sind *Routinen*, d. h. sie wirken, wenn du sie jeden Tag zur selben Zeit durchführst. Wenn wir etwas Neues nur sehr unregelmäßig und mit großen Abständen durchführen, werden wir nicht besser – egal, ob es ums Klavierspielen, Laufen oder um unser Business geht. Durch Routinen kannst du dich weiterentwickeln und zu der besten Version deiner selbst werden, die du sein kannst.

Diese Methoden des *Miracle Morning* werden dir helfen, deine Persönlichkeitsentwicklung zu beschleunigen und immer besser und erfolgreicher in deinem Business zu werden. Du kannst sie an deine Ziele und deinen Tagesablauf anpassen – und sie ab morgen in deiner *Hour of Power* anwenden.

Stille

Stille, die erste der Live S.A.V.E.R.S.-Methoden ist ganz wichtig für deinen Erfolg im Business. Statt gleich am Morgen auf deinem Handy nach E-Mails, Nachrichten und deinem Tagesgeschäft zu schauen, beginnst du deinen Tag ohne all das, in friedlicher, zielgerichteter Stille. Diese Ruhe und Klarheit hilft dir, dich auf das Wesentliche zu konzentrieren. Deine stille *Hour of Power* kann auch gut zu einer anderen Zeit am Tag stattfinden, aber am frühen Morgen ist es am wirksamsten.

Stille heißt nun nicht, gar nichts zu tun. Ich liege gerne noch ein paar Minuten im Bett, wenn ich aufgewacht bin. Und ich stelle mir dann vor, was für ein Mensch ich heute sein möchte: voller positiver Energie und freundlich zu allen, mit denen ich heute zu tun haben werde.

Nach dem Aufstehen hast du eine Menge Möglichkeiten, die stille Zeit zu nutzen: durch Mediation, ein Gebet, durch Reflexion, Atemübungen oder eine Dankbarkeitsübung.

Affirmationen

Sicher hast du dich schon mal gefragt, wie ich in meinem Business so erfolgreich sein kann? Mein Geheimnis ist meine Geisteshaltung. Das ist der entscheidende Faktor für stets überdurchschnittlich hohe Leistungen.

Es kann durchaus schwierig sein, das Selbstvertrauen, die Begeistung und die Motivation immer auf einem hohen Level zu halten. Denn jeder ist auf eine bestimmte Art zu denken, zu glauben und zu handeln programmiert – und wenn es mal schwierig wird im Leben, fällt man leicht in das gewohnte programmierte Denken zurück.

Wenn du dein Business weiter aufbauen willst, musst du deine geistige Programmierung verbessern. Und das geschieht durch Affirmationen. Sie sind eine der wirksamsten Methoden, dein Unterbewusstsein neu zu programmieren und zu der besten Version deiner selbst zu werden. Doch Affirmationen werden manchmal negativ bewertet – in den *Miracle Morning*-Büchern erfährst du, wie du sie so einsetzt, dass sie dir gute Ergebnisse bringen.

Hier einige Beispiele für Affirmationen aus dem Buch *Miracle Morning für Unternehmer*:

- Ich bin es wert, mein Traumziel zu erreichen, ich habe es verdient und ich kann es schaffen – und heute werde ich das durch alles, was ich tue, beweisen.

- Wo ich jetzt bin, hängt von der Person ab, die ich war, aber wohin ich gehe, liegt allein an der Person, die ich ab heute bin.
- Ich konzentriere mich jeden Tag darauf, neue Dinge zu lernen und meine Fähigkeiten zu verbessern, deshalb nehme ich mir vor, jeden Monat mindestens ein oder zwei neue Bücher zu lesen.
- Ich nehme mir jede Woche Zeit, um die Beziehung zu meinen Kunden und Teammitgliedern zu pflegen, deshalb habe ich so viele Bestandskunden.

Das sind nur ein paar Beispiele für Affirmationen. Mit dem Buch *Du kannst es* von Louise Hay kannst du lernen, selber Affirmationen zu formulieren und anzuwenden. Denn alles, was du regelmäßig mit Gefühl sagst, wird die Programmierung deines Unterbewusstseins verändern.

Visualisierung

Die Methode der Visualisierung wird schon seit langem von Spitzensportlern angewendet, die ihre Leistungen verbessern wollen. Auch du kannst dein Business mit Visualisierungen auf einen neuen Level bringen. Im *Miracle Morning* kannst du bei deiner Visualisierung gerne Musik laufen lassen – die im vorigen Kapitel Musikbeispiele eignen sich genauso wie die Qi Gong-Musik oder das Wellenrauschen. Setz dich ganz bequem hin und lass alle Gedanken los.

Und dann visualisiere, was du wirklich willst.

Vergiss alle Einschränkungen, schalte dein logisches Denken mal ab und stell dir vor, was du wirklich willst, wenn du alles erreichen könntest.

Visualisiere, wie du dein Ziel problemlos erreichst.

Stell dir vor, was genau du tun musst, wie du redest, dich präsentierst und mit deinem Businesspartner umgehst, damit deine Vision Wirklichkeit wird.

Bewegung

Ein ganz wichtiger Bestandteil des *Miracle Morning* ist die Bewegung. Das kann der Morgenspaziergang mit deinem Hund sein, oder ein paar Kilometer Joggen, oder auch – ganz kurz – nur ein wilder Tanz durch dein Schlafzimmer. Es ist wichtig, dass du so richtig in Schwung kommst, denn dann beginnt dein Tag voller Energie, Inspiration sowie körperlicher und geistiger Fitness.

Lesen

Für dein Business ist es wichtig, dass du dir ein Vorbild suchst. Viele Unternehmer haben ihre Erfolgsgeschichten in Büchern veröffentlicht. Ihre Erfolgsrezepte warten also nur darauf, dass du sie liest und in deinem Business anwendest. Viele Unternehmer meinen, keine Zeit zum Lesen zu haben, denn im Gegensatz zu ihren anderen Tätigkeiten sieht man nicht sofort den Erfolg. Aber wenn du jeden Tag nur zehn Seiten liest, kommst du im Jahr auf 3.650 Seiten – das sind fast 20 Bücher mit 160-200 Seiten, mit denen du jeden deiner Lebensbereiche verbessern kannst.

Schreiben

Fast alle Anwender des *Miracle Morning* schreiben jeden Tag ein paar Minuten. Sie haben eine Routine entwickelt, jeden Morgen ein Dankbarkeitstagebuch zu schreiben oder ihre Morgengedanken zu notieren. Durch Schreiben bekommst du mehr Klarheit in deinen Gedanken und einen Überblick über deine Ideen – denn die kommen beim Schreiben fast von selbst. Auch kannst du deine Fortschritte nachverfolgen, wenn du deine Tagebucheinträge der letzten Wochen, Monate oder des letzten Jahres liest.

Miracle Morning und deine Hour of Power

Die sechs Routinen des *Miracle Morning* sind perfekte Möglichkeiten, deine ganz persönliche *Hour of Power* zu gestalten. Probier die Life S.A.V.E.R.S. am besten alle einzeln aus und entscheide dich dann für einen oder mehrere, um sie in deine *Hour of Power* einzubeziehen. ♥

Zeit für deine Wünsche

Erinnerst du dich noch an die Flaschenpost, die du geschrieben hast? Da hast du deine Ziele, Wünsche und Träume für die nächsten 10 Jahre aufgeschrieben.

Nimm dir heute in deiner *Hour of Power* vor, nur über deine Wünsche nachzudenken. Was unterscheidet eigentlich Wünsche von Zielen? Die großen Wünsche sind meist noch weit weg, du hast sie vielleicht mit einer 3, 5 oder 10 gekennzeichnet. Sie sollen sich in 3, 5 oder 10 Jahren erfüllen.

Ich habe im Mai Geburtstag und erlebe jedes Jahr, wie sich die Natur so wunderbar entwickelt. Und ich frage mich immer, welche Wünsche ich habe – zu meinem jetzigen Geburtstag, oder zu meinem 60, 70. oder 100. Geburtstag. Ja, das ist noch weit weg, aber wie soll das Leben mich bis dahin führen, wenn ich keine Wünsche mehr habe?

Nimm dir also in deiner *Hour of Power* mal Zeit für deine Wünsche. Und schreib einen Wunschzettel, so wie du es früher zu Weihnachten und zum Geburtstag getan hast. Deine Wünsche sind konkret, es sind z. B. Menschen, die du treffen willst, Bücher, die du lesen willst, Orte, die du bereisen willst, Veranstaltungen, die du besuchen willst.

Setz dir konkrete Ziele mit Termin, um deine Wünsche zu erfüllen

Diesen Tipp gibt Thomas Bank in seinem Buch *Erfolgreich Krisen meistern. Wege zu mehr Gesundheit, Glück und Gelassenheit.*

Leg dir ein Wunschbuch an – am besten ein kleines, aber feines Notizbuch, das du nur dazu benutzt, deine Wünsche aufzuschreiben. Denn es ist sehr wichtig, sie schriftlich zu formulieren. Nur so wirst du dir bewusst über deine Wünsche – und sie können Realität werden.

Schreib zu jedem Wunsch einen Termin, bis zu dem er sich erfüllen soll. Dann hast du ein Ziel mit Termin und kannst Teilaufgaben formulieren, ebenfalls mit Termin.

In seinem Buch *Start Your Bullet Journal. Der neue Lebensplaner für deine Wünsche, Träume und Ziele* gibt Lothar Seiwert einige Tipps, wie du deine Wünsche in Kategorien organisieren kannst. Er regt an, auch den Zweck deines Wunsches zu dokumentieren, denn es kommt ja nicht nur darauf an, was du tust, sondern auch, wozu du es tust!

Und schreib auch in dein Wunschbuch hinein, ob und wann sich deine Wünsche schon erfüllt haben, ob du ihnen etwas näher gekommen bist oder ob sie ganz weggefallen sind. Denn so wie sich das Leben ändert, können sich auch deine Wünsche ändern! ♥

Mein größter Wunsch

soll sich erfüllen bis zum ______________________________

____

Kommst du deiner Wunscherfüllung näher?

____

nach 1 Jahr ____________________________________

____

nach 3 Jahren __________________________________

____

nach 5 Jahren __________________________________

____

nach 10 Jahren _________________________________

____

____

Hour of Power im Garten

Wie kommt es eigentlich, dass wir keine guten Ideen und neuen Erkenntnisse gewinnen, wenn wir an unserem Schreibtisch sitzen? Schon die alten Philosophen wanderten beim Nachdenken, sie hatten längst erkannt, dass unser Gehirn beim Spazierengehen besonders gut funktioniert.

Dumme rennen, Kluge warten,
Weise gehen in den Garten.

Dieser Ausspruch stammt von dem Dichter, Philosophen und Künstler Rabindranath Tagore, der von 1861 bis 1941 in Kalkutta lebte. Und es stimmt: Wenn wir im Garten umhergehen, tauchen wie von selbst neue Gedanken auf und Lösungen für unsere Probleme kommen in Sicht. Der Blick auf das blühende Leben um uns herum hat eine heilsame Wirkung und regt Gedanken an, die wir noch nie gedacht haben.

Ich betrachte einen Rosenstrauch und denke: Ohne dass ich irgendwann mal den Rosenstrauch gepflanzt hätte, hätte ich mich auch nicht an der Fülle seiner Blüten erfreuen können. Der Rosenstrauch als Symbol für den Reichtum meines Gartens hat die Besucher meines Hauses und die Passanten erfreut.

Alles hat seinen Preis, niemand kann ernten, ohne zu säen. Niemand wird Erfolg haben, ohne etwas zu investieren und den erforderlichen Preis zu zahlen. Wie mein Rosenstrauch die Menschen erfreut, werde ich in meinem Business vielen Menschen etwas geben.

Eines Tages habe ich mich mit der Frage beschäftigt, was denn eigentlich Unkraut ist. Einmal kam ein neuer Gärtner, der wollte das Unkraut mit Gift beseitigen. Aber da war sein Job schon wieder zu Ende, denn mein Hund lebt ja auch in meinem Garten. Und ich habe irgendwann gelernt, selbst zu entscheiden, was Unkraut ist und was nicht.

Ein Garten ist viel mehr als die Summe der Pflanzen, er erfreut uns, bietet eine Wohlfühlatmosphäre, die wir mit allen Sinnen erleben können. Hier finden wir Ruhe von Stress und Hektik, hier können wir neue Energie auftanken. Die Büsche rund um meine Terrasse geben mir ein Gefühl des Beschütztseins, des Abgeschirmtseins. Das fördert mein Wohlbefinden und meine Lebensqualität.

Geh heute während deiner *Hour of Power* mal in deinen Garten oder in den Stadtpark. Geh einfach herum oder setz dich auf eine Bank, und betrachte all die herrlichen Blumen, Büsche und Bäume. Lass deine Seele baumeln und denk an gar nichts. Du wirst staunen über die neuen, großartigen Ideen, die plötzlich auftauchen, Gedanken, mit denen du nie gerechnet hättest. 💜

Hier ist Platz für deine Gedanken im Garten:

Zeit für deine Träume

Nimm dir heute in deiner *Hour of Power* mal Zeit für deine Träume. Setz dich hin oder geh spazieren – und höre auf deine innere Stimme. Was würdest du gerne tun und sein? Was sind deine Träume? Es kommt nicht darauf an, wo du heute stehst oder ob dir jemand gesagt hat: „Das schaffst du nie!" oder „Das ist unmöglich!" Sag dir einfach: „Ich schaffe das!" Denke groß und positiv und stell dir vor, wie es sich anfühlt, wenn du deinen Traum verwirklicht hast.

Leg dir ein Traumbuch an und schreib auf die erste Seite:

Mein Traumbuch – Lebe deinen Traum

Schreib deine Träume in dieses Buch, klebe Bilder ein, male selbst etwas – lass deiner Fantasie freien Lauf!

Und lass dich nicht von dem Gedanken leiten, dass es jetzt eben nicht der richtige Zeitpunkt für deinen Traum ist! Mach dir bewusst, dass es eigentlich keinen idealen Zeitpunkt für einen Neubeginn geben kann, sondern dass du dein neues Leben jederzeit, genau jetzt, beginnen kannst.

Wie lange träumst du schon davon, dein Traum-Business aufzubauen? Stell dir einfach bis ins kleinste Detail vor, dass du das bereits verwirklicht hast! Du arbeitest mit deinen idealen Kunden, verdienst genug Geld und bist einfach glücklich! Dein Traum hat sich erfüllt! Und plötzlich hast du ein ganz anderes Selbstbewusstsein und gehst die ersten Schritte auf dem Weg zu deinem Ziel!

Wie viele Träume hast du dir bereits erfüllt? Wie viele Trräume hast du noch? Erschaffe dir eine Zukunft, wie du sie erträumst! Trau dich! Mach es einfach! Fang an! So wie es schon Johann Wolfgang von Goethe geraten hat:

Was immer du erträumst, beginne es!
Wagnis hat Macht, Genie und Zauberkraft!

Ja, du hast die Macht, deine Träume wahr werden zu lassen! Sei kreativ mit den Dingen, die du tun kannst. Mach neue Angebote für deine Kunden, erhöhe deine Preise, gib Stamnmkunden einen Bonus. So schaffst du dir einen Streckenplan, der dich dorthin führt, wo du hinwillst. Sei bereit, deinen Erfolg anzunehmen. Ändere dein Lebensumfeld, falls es dich eher behindert als unterstützt. Und sei dankbar für das, was du bereits erreicht hast.

Leb dein Leben auf deine Weise, so wie Frank Sinatra sang: *And more, much more than this, I did it my way!* **Hab den Mut, glücklich zu sein! So dass auch du später einmal sagen kannst: I did it my way.**

Überleg dir in deiner heutigen *Hour oder Power* mal bitte, was sich *in den vergangenen sieben Jahren* alles in deinem Leben ereignet hat:

Was hast du Neues begonnen, welche neuen Menschen hast du kennengelernt? Was hast du an Schwerem bewältigt, welche Kraft hast du daraus geschöpft? Wie hat sich deine Persönlichkeit entwickelt? Welche Träume hast du schon verwirklicht? Wofür hast du dein Geld investiert? Und welche Auswirkungen hatte das auf dein Leben? Welche Berater hattest du? Gute oder schlechte? Welche Erfahrungen hast du damit gemacht? Welche Bücher hast du gelesen, die dir geholfen haben, deinen ganz eigenen Weg weiter zu gehen?

Und nun kommt der *zweite Teil* der Aufgabe: Mach dir klar, dass du *in den nächsten sieben Jahren* genausoviel oder noch mehr erreichen kannst! Wer willst du in sieben Jahren sein? Und was möchtest du dann tun? Wo wirst du leben? Mit welchen Menschen wirst du zusammen sein? Was tust du so richtig gerne? Was entspricht deinen Begabungen und deiner Berufung? Wie viel verdienst du und wieviel Vermögen hast du schon?

Schreib und male die Antworten in dein Traumbuch!

Und lass dir nicht den Mut nehmen, deine Träume zu realisieren. Denn du hast die Wahl: Du kannst ab heute dein geniales Leben beginnen, das du in Zukunft leben willst! ♥

You will never change your life
until you change something you do daily.
The secret of your success
is found in your daily routine.
(John. C. Maxwell)

Hour of Power mit System

Nun hast du schon einige Anregungen für deine *Hour of Power* bekommen – aber es fehlt noch etwas. Vielleicht fällt es dir schwer, jeden Tag eine Stunde nur für dich zu reservieren. Vielleicht fragst du dich: Fehlt mir die Zeit nicht für meine Arbeit? Verpasse ich etwas auf Social Media?

Kurz gesagt: Du brauchst ein System, um dein Leben von unnötigem Stress zu befreien. Erstelle dir einen Zeitplan, das ist der Schlüssel zu maximaler Konzentration und maximalem Erfolg. Jetzt denkst du vielleicht, dass ein Zeitplan dich zu sehr einengt, wo du doch gerade die Freiheit deiner Selbstständigkeit so besonders schätzt. Aber glaube mir: Der Weg zur Freiheit besteht darin, dein Leben nach einheitlichen Rhythmen auszurichten. Lothar Seiwert hat dem Thema ein Buch gewidmet: *Die Intervall-Woche* zeigt dir, wie du der Boss deines Lebens wirst und wie du am besten arbeiten kannst, um glücklich zu werden.

Leg also für jeden Tag der Woche fest, wann deine *Hour of Power* stattfindet und was du dann machst: In den Wald oder in den Garten gehen, dich mit deinen Zielen, Wünschen und Träumen beschäftigen, Bewegung, Musik hören, den *Miracle Morning* machen, Lesen, Schreiben, Meditieren, Affirmationen sprechen, Visualisieren.

Und dann möchte ich dir noch etwas empfehlen: Schreib jeden Abend fünf Erfolge in ein schönes Notizbuch – so entsteht auf Dauer dein Erfolgstagebuch. Frage dich also jeden Abend: *Was ist mir heute besonders gut gelungen? Worauf bin ich stolz?* Eine besonders edle Form mit vielen Anregungen und Übungen findest du im *Erfolgs-Journal* von Bodo Schäfer.

Aber was ist denn eigentlich Erfolg? Eine Definition lautet: *Erfolg heißt zu bekommen, was wir wollen.* Erfolg ist somit eine ganz individuelle Angelegenheit. Mein *Geheimnis des Erfolgs* bedeutet also, dass du so lebst, dass du alles bekommst, was du willst. Und ein Schlüssel dazu ist die *Hour of Power.*

Du wirst es erleben: Wenn du jeden Abend fünf Erfolge in dein Erfolgsjournal schreibst – oft werden es sogar mehr sein – dann wachsen dein Selbstvertrauen und damit auch dein Wohlbefinden und deine Lebensqualität ganz enorm. Denn du fokussierst dich auf deine Stärken. Und damit nimmt dann auch der Erfolg in deinem Business zu. Probier es einfach mal aus! Und feiere deine Erfolge!

Eine Erweiterung deines Zeitplans für die Woche ist eine *Jahresplanung für dein Business.* So kannst du dich z. B. im Januar um deine Jahresplanung kümmern, um eine Inventur (nicht nur der Dinge, die du hast), sondern auch eine Inventur aller Ziele, Pläne und Projekte. Reservier dir eine ganze Woche, vielleicht fährst du dazu mal ans Meer.

Beate Forsbach beschreibt in ihrem Buch *Leben ist mehr auch in Krisen. Gelassen älter werden* ihre regelmäßigen Auszeiten – alle drei Monate fährt sie für etwa 10 Tage in ein schönes Hotel in den Dolomiten. Der ganze Arbeitsplan ihres Verlages ist auf diesen Rhythmus abgestellt. Hier hat sie eine ausgedehnte *Hour of Power*-Zeit – mit gutem Essen und Trinken, Spaziergängen in einer wundervollen Landschaft, Entspannung, guten Gesprächen, Zusammensein mit ihrem Hund, Lesen, Schreiben, Pläne machen, Ziele überdenken und neu setzen sowie Nachdenken über das, was war, was ist und was wohl kommen mag. Jeden Morgen schreibt sie ihre Gedanken in ein Tagebuch – und staunt immer wieder über die großartigen Ideen, die ihr dabei kommen und über die Entscheidungen, die sie dann trifft.

Ausblick

In deiner regelmäßigen *Hour of Power* gewinnst du mehr Kraft und Energie, du lädst deine Akkus wieder auf. Du bekommst bessere Ideen für dein Business und mehr Erfolg! Du erreichst viel eher viel größere Ziele, du erfüllst dir deine Wünsche und lässt deine Träume wahr werden. Und dir geht es richtig gut dabei …

Also fang an! JETZT!

BE UNSTOPPABLE
in deinem erfolgreichen und erfüllten Leben! 💜

Literaturtipps

Bank, Thomas: *Erfolgreich Krisen meistern. Wege zu mehr Gesundheit, Glück und Gelassenheit.* Edition Forsbach, Bamberg 2020

Elrod, Hall: *Miracle Morning. Die Stunde, die alles verändert.* Irisiana Verlag, München 2016

Elrod, Hal; Herold, Cameron; Corder, Honorée: *Miracle Morning für Unternehmer. Die Stunde, die dein Business verändert.* Mit einem Geleitwort von Dr. Renée Moore. Edition Forsbach, Bamberg 2020

Forsbach, Beate: *Leben ist mehr auch in Krisen. Gelassen älter werden.* Edition Forsbach, Bamberg 2020

Hay, Louise L.: *Du kannst es! Durch Gedankenkraft die Illusion der Begrenztheit überwinden.* Wilhelm Heyne Verlag, München 2010

Küstenmacher, Tiki; Seiwert, Lothar: *Simplify your Life. Einfacher und glücklicher leben.* 17. Auflage, Campus Verlag, Frankfurt am Main 2016

Moore, Renée: *Be Unstoppable in deinem Business! 101 Strategien für ein erfolgreiches Business, das du liebst. Der Durchbruch für dich und dein Business.* Happy Dog Publishing, Edition Forsbach 2018

Schäfer, Bodo: *Die Gesetze der Gewinner. So werden Ihre Träume wahr.* 6. Aufl., Bodo Schäfer Akademie GmbH, Bergisch Gladbach 2020

Schäfer, Bodo: Erfolgs-Journal. 10. Aufl., Bodo Schäfer Akademie GmbH, Bergisch Gladbach 2019

Seiwert, Lothar: *Wenn du es eilig hast, gehe langsam. Wenn du es noch eiliger hast, mache einen Umweg.* 17. Auflage, Campus Verlag, Frankfurt am Main 2018

Seiwert, Lothar; Sperling, Silvia: *Die Intervallwoche. Arbeitest du noch oder lebst du schon? Der einfachste Weg zu NEW WORK.* Knaur, München 2020

Seiwert, Lothar; Sperling, Silvia: *Start your Bullet Journal. Der neue Lebensplaner für deine Wünsche, Träume und Ziele.* 4. Aufl., Knaur Verlag, München 2018

Bildnachweise

S. 8, 68 © Dorothee Piroelle
S. 12, 50 © Dr. Beate Forsbach
S. 22 © Jenny Sturm – Adobe Stock
S. 28 © Patrick Reymann
S. 36 © fizkes – Adobe Stock
S. 42 © bonandbon – Adobe Stock
S. 54 © Digitalpress – Adobe Stock
S. 58 © Song_about_summer – Adobe Stock
S. 62 © fotorince – Adobe Stock

Zur Autorin

Dr. Renée Moore ist Positionierungs- und Verkaufsexpertin, „Deutschlands führende Motivations-Expertin" (RTL) und „The New Global Leader" (Huffington Post). Geboren in Texas und promoviert in Neurowissenschaften, hat sie es im Alter von 40 Jahren geschafft, ihre eigenen millionenschweren Unternehmen in Europa, Asien und Lateinamerika aufzubauen und erfolgreich zu verkaufen – und das von Deidesheim, Deutschland, aus.

In den letzten 20 Jahren bereiste sie die Welt als professionelle Motivationsrednerin und hat Zehntausende von Zuhörern in vielen Ländern in Europa, Asien, und Lateinamerika auf ihrem Weg zum beruflichen und persönlichen Erfolg inspiriert und begeistert.

Kontakt:

Dr. Renée Moore
Steinbruchweg 17
67435 Neustadt a. d. Weinstraße

Tel: +49 6321 954 04 07
Mail: office@reneemoore.com
Homepage: www.reneemoore.com

MIRACLE
MORNING
FÜR UNTERNEHMER
Die Stunde, die
dein Business verändert
Hal Elrod • Cameron Herold
Mit Honorée Corder
Edition Forsbach

Dr. Renée Moore
Be Unstoppable
in deinem Business!
101 Strategien für ein erfolgreiches Business, das du liebst
Der Durchbruch für dich und dein Business